时装时光

袁春然的马克笔图绘

袁春然◎著

人民邮电出版社

北 京

图书在版编目（ＣＩＰ）数据

时装时光：袁春然的马克笔图绘 / 袁春然著. ──
北京：人民邮电出版社，2017.10（2022.1 重印）
ISBN 978-7-115-46909-0

Ⅰ．①时… Ⅱ．①袁… Ⅲ．①服装设计－效果图－绘
画技法 Ⅳ．①TS941.28

中国版本图书馆CIP数据核字(2017)第235916号

内 容 提 要

本书是袁春然的又一本马克笔手绘时装画力作。在马克笔手绘技法之外，分享了作者对时装画的认识，着重讲述了如何营造画面形式感、提高色彩感染力、增强画面生动性，以及创作的灵感来源和捕捉灵感的方法，并用完整的案例创作步骤带领读者直击创作过程，除了绘画技法要点，重点强调了创作思维和自我绘画风格的培养。

本书适合服装设计师、时尚插画师和服装设计爱好者阅读，同时也可以作为服装设计培训机构和服装设计院校的教学用书。

◆ 著　　　　　袁春然
　　责任编辑　杨　璐
　　责任印制　陈　犇
◆ 人民邮电出版社出版发行　　北京市丰台区成寿寺路 11 号
　　邮编　100164　电子邮件　315@ptpress.com.cn
　　网址　http://www.ptpress.com.cn
　　北京盛通印刷股份有限公司印刷
◆ 开本：889×1194　1/16
　　印张：10.5　　　　　　　2017 年 10 月第 1 版
　　字数：177 千字　　　　　2022 年 1 月北京第 10 次印刷
　　　　　　　　定价：99.00 元

读者服务热线：(010)81055410　印装质量热线：(010)81055316
反盗版热线：(010)81055315
广告经营许可证：京东市监广登字 20170147 号

如果你读到这篇文字，说明一定是我的第二本时装画图书问世了。此时此刻我备感荣幸，希望正在阅读本书的你能分享我的喜悦。

与我的第一本书相比，在本书中，我更多地展现了自己对时装画、对时尚的解读，是对自己绘画的阶段性总结。到目前为止，即便是到了恨不得每天十二小时作画的地步，我仍然不清楚为什么会对并非我本职的时装画有着如此大的热情。我想，所谓的幸福就是我们能找到自己热爱的事情，固执地相信，然后痴迷地坚持。在不久的将来我可能会对新的事物产生兴趣，但是在青睐时装画的时间里，我能够倾注自己所有的爱。

我很小就开始画画，小学上课时就在桌子的内侧画画，但那时并没有接受正规的绘画教育。到了初中，我单纯地把喜欢的形象画下来，结果攒下来的画足有几大本。

到了高中，因为决定要考艺术类大学，所以我开始接受专业的考前美术培训。在所有的考前训练科目中，我最喜欢的是速写，想来那个时候我就爱上了线条的抑扬顿挫所产生的微妙变化。高中三年，有两年的时间我坚持每天画两张人物速写，那时候我最感兴趣的便是对服装褶皱的表现。最开始我对服装因身体的转折和运动而产生的褶皱形态并不能完全理解，只是单纯地临摹，后来学习了理论知识，再结合人物写生，对褶皱的产生有了"果真如此"的认识，便感到大为惊喜。也就在这时，我开始热衷于"画衣服"。

大学一年级时，闲暇的时间很多，学习目标也不明确，我每天都因为迷茫而焦虑。缓解这种负面情绪的方法就是躲在计算机教室里画画，每天把想画或者想要临摹的作品放进U盘，然后一直画到教室关门。经常看着自己的画，

早期我对大卫·当顿（David Downton）的时装画的临摹，向大师学习人物的造型方法和线条的语言。

最早开始画时装画时，我采用的是较为平面的装饰风格，对人物进行变形，对服装的表现也较为简单。

这幅作品临摹了大卫·当顿的人物造型，并在此基础上表现出珠宝的设计方案。

Alexander McQueen 2012. R.   2012.2.3. Alex.Mc.R   2012.02.02..R

体会到满满的成就感。大学二三年级时，偶尔可以拿自己的作品参加活动，并得到其他专业老师的赏识，久而久之这成为一件我乐意去做并且从某种程度上讲做得还不错的事。

　　真正接触时装画是因为被时装画大师大卫·当顿（David Downton）的作品打动。从他的作品里，我深切地感受到时装之美。他的作品展现的不是肤浅的流行，而是经典。如果说通过相机镜头捕捉到的是"当下"，那么时装画因为绘画者本身的审美和喜好，可以说用画笔提炼的是超越时间的"风尚"。

时装画简洁的画面中融合了诸多元素：模特、时装、动态、妆容、配饰……更重要的是这些元素经过画家自身审美的加工和个人风格的演绎、诠释，有了不同于照片的生动性和独特性。

　　从最初对大卫·当顿作品的临摹，对他笔下线条和色彩的痴迷，渐渐到深入思考那些具有妩媚感或力量感的诠释方式，再到对画面的形式感加入自己的理解，久而久之将其融入自己的作品中，并最终塑造出自己的人物造型，形成了自己的绘画风格。当一件"非专业"的事情占据了自己太多时间的时候，

2012.02.01.R   2012.02.03.R   2012.02.02.R

我也曾问自己"做这些是为了什么",犹疑过要不要控制一下画画的时间,或者说那些时间是不是可以换回一些实质性的回报。在我心存疑惑时,无意中看到的一句话解答了我的困惑:"阅读最好的奖赏在于其本身。"我想,绘画应该也是这样的吧,绘画的过程带给我的乐趣和画面完成后带来的成就感,对我而言已足够了,此时此刻,对时装画的热爱和执迷就是我需要的全部,我只需享受这个过程;至于它最终会带来什么,谁知道呢,对未来保留一些神秘感和期待,不也同样美妙吗?

将自己的作品集结成册并最终出版,是一件很有成就感的事情,但其中的过程不像画画那样享受,因为与图书相关的层次和结构,并不是所有的内容都是自己愿意去完成的。但是只要想到自己的作品会被读者看到,甚至能够对很多人产生影响,这无疑给了我很大的动力,即使是持续靠咖啡提神,持续通宵达旦,我也愿意为之努力。

好在本书是在完成了 60% 的作品以后才有了归纳成册的想法,在搭好了图书架构后再有针对性地补充画稿,所以本书中大部分的作品在表现上更加随意、自由,无论是涉及的题材、使用的材料,还是表现的手法,都更加充实而多样。本书的内容和我的第一本书一样,仍然以马克笔作为主要的工具。马克笔是一种"线性"的画材,笔触大多都以线条的形式呈现,所以对于线条的把控和由于力度所产生的颜色的微妙变化,就成为运用马克笔最大的挑战,但这也是最让人着迷的地方。马克

笔的笔触可以利落如刀锋，也可以流转如丝绸，简单的工具衍生出的无穷变化正是其魅力所在。

　　记得有人说过："我们能够留给这个世界的，除了我们的孩子，其实还有很多，比如书籍。"我有幸成为众多图书作者之一，这让我心怀感激。再次感谢所有在写作过程中支持我的人，并希望这本书被更多的人看到并喜欢，如果能对你有所帮助，我将不胜荣幸！

▶▶ CONTENTS
目录

▶▶ Chapter
03

我近期的风格尝试

▶▶ Chapter
04

局部的深入刻画

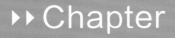

▶▶ Chapter

01

我的绘画语言

时装画只是在题材上有所限定——以表现时装为主，但其本质还是绘画作品。一幅绘画作品的表现语言应涵盖构图、色彩和笔触等要素。

就时装画而言，大部分作品是由模特儿的动态和姿势来决定构图的，富有张力或形式感的动态和姿势往往可以使作品具有更加强烈的视觉冲击力。作为服装设计最醒目的设计元素之一，色彩向来是时装画展现的重中之重：撞色使画面活泼跳跃，同类色使画面柔和舒适，而黑白搭配则能营造出"经典感"。相对于构图和色彩，笔触属于"微观元素"，但它是个人风格的集中体现，笔触的疏密、排列、形状和走向等，能够形成画面的黑白对比、空间关系及虚实层次等。

使用这些绘画语言都为了一个共同的目的：让画面展现出你想要的视觉效果，传递出你想要表达的意图与情感。

从绘画角度出发，时装画在客观上要注重对时装与人物的塑造，在主观上则要引起观者的共鸣，对观者产生足够的吸引力。为了让时装画具有一定的视觉冲击力，在绘制时装画之前就要对画面的形式感进行揣摩和推敲。无论是选择较为特殊的动态，还是强化构图的形式，或者从一个独特的视角出发，都能够让你的画面更加生动。

1.1.1 用动态让画面更加生动

对大多数时装画而言，模特占据了画面的绝大部分，甚至充斥了整个画面，所以模特的动态就成为关键性的视觉元素。我们可以参考时尚摄影里模特的动态、姿势、角度和构图，将其运用到时装画中。而不同的动态选择，不仅是为了表现人体的动感，还在于对时装的诠释。独特的角度或特定的动态，可以对时装局部特征的展现起到强调作用，对表现时装的面料、结构、廓形和装饰细节等都有很大帮助。单纯就塑造模特形象而言，为了突出五官的特征、肢体的优雅或是强调比例透视，也会选择不同的动态，用以呈现出不同的视觉效果。正因如此，动态的夸张和变形在时装画的绘制中就成为一大要点。

● 微侧、下低的头部，形成视线引导

● 动作幅度比较大的坐姿

● 伸展的手臂使画面构图更加充实饱满

● X形的服装廓形，因受到动态的影响，裙摆被折叠

● 伸展开的手臂和小腿

● 画面一侧所保留的空白使画面具有通透的空间感，签名又起到了支撑画面的作用

● 小腿的动态和手臂的动态一气呵成，形成"Z"字形的半包围构图

肢体的折叠与遮挡形成的强烈的透视，使坐姿成为最难表现的动态之一。要想将坐姿表现得优雅而舒展，需要进行适当的夸张，并在主观上有意识地对原有动态进行调整。

● 收紧腰节，夸张裙摆，强调服装的廓形，使服装更加生动

一个相对平视的坐姿，模特的上半身处于紧缩状态，下半身相对舒展。在表现时可以适当进行变形处理，使上半身更加紧缩，展现出腿部的修长，从而让人物的动态更具对比性，加强画面的节奏感。

侧身的动态，这样的动态虽然不是非常活跃，但是能形成一种稳定感，脸和肩膀的角度变化为画面增添了微妙的趣味性。人物位于画面中心，可以通过强调轮廓的完整性和线条的变化来展现画面整体的力量感。

仰视的视角可以让模特看起来更加高挑，交叉的双手和打开的双腿形成对比。在表现时首先对透视关系进行夸张，缩小模特的头部，加长腿部的线条，使造型更具冲击力。近处的裤子可以进行夸张，进一步增强透视感。

From:yuan chun ran
2016.5.27

15

1.1.2 用构图来渲染画面氛围

　　就画面构图而言，纸张的形状，横向或是纵向使用纸张，模特在画面中的位置和动态，以及画面内容的组织安排，都会让画面产生不同的效果。特有的角度，大胆的概括、省略，以及强调空间的对比性，都可以营造出独具特色的画面氛围，从而更加有效地传达出画面的情感。在提笔前要多加揣摩，好的构图往往能让你事半功倍。

● 主观地扩大画面一侧的空间

当模特侧身并将其安排在画面一侧的时候，大面积的留白对于体现画面的空间感很有帮助，可以让画面形成一种戏剧效果，留下让人想象的空间。

● 大量留白凸显出画面的空间层次

● 三角形构图使画面呈现出稳定感

人物的轮廓呈三角形，伸出去的手臂在形成舒展的肢体语言的同时，还可以在构图上起到支撑的作用，使视觉效果更加平衡。将人物置于画面底部，让上方留白的空间更加空旷，凸显出画面怡然自得的氛围。

● 直立的模特起到了分割画面的作用

● 对称的三角形带来了强大的气势

位于画面中心的模特将画面一分为二，服装的廓形具有强烈的形式感，宽大的裤腿使人物造型形成一个三角形。这样的构图需要注意的是，在加强画面对称性的同时，要处理撑满画面的三角形所带来的强硬感和压迫感，可以通过笔触的变化和疏密排列来缓和绝对对称所产生的僵化感。

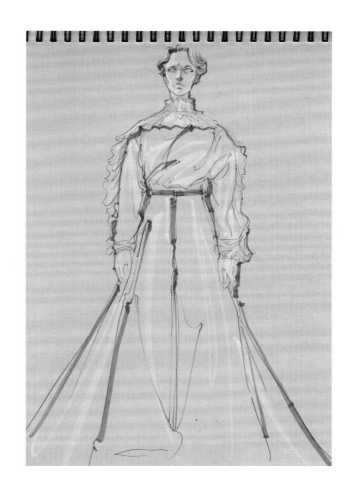

● 主观地扩大画面顶端的空间，避免了画面过于饱满而产生的压抑感

● 向左右影膨的服装和直立的人物形成"十"字形构图

"十"字形构图能够使画面显得非常饱满。参考图的构图基本呈对称分布，手臂的动态又在平衡中产生了变化。在绘图时，我特意增加了上方的空间，在保留画面形式感和趣味性的同时，使画面更加轻松。

17

Balmain 2017.
From: yuandunnan.
2016.07.26.

1.2 ▸▸

用色彩表现画面的感染力

色彩是最具吸引力的画面要素，不同的人对色彩有不同的感受和喜好。在创作时装画的过程中，可以直接采用时装或模特自身所具有的色彩关系进行绘制，也可以根据创作者自己的主观理解或审美倾向进行主观表现。

1.2.1 单色与类单色的微妙变化

单色是指在绘制的过程中使用同一色相、不同明度的颜色形成的色彩关系。类单色与单色相比，则在具备明度变化的同时增加了少许冷暖变化。单色与类单色的配色模式常出现在表现单色服装的时候，其优点是能使画面的色调非常柔和、统一，但处理不好则会使画面显得单调乏味，缺少变化。

因此，在使用单色系或类单色系时，一方面要加大明度上的对比，另一方面要更加主动地去寻求色彩的微妙变化，如面料的固有色、亮部的光源色和暗部的环境色等。这些变化不仅在统一的色彩关系中让画面具有更强的层次感，也能更好地塑造服装的体积。同时，因为光源所产生的色彩会形成色相或冷暖上的微妙对比，让画面更加细腻、丰富。

● 背景色使用了浅紫色，与暖灰色融合在一起，使背景层次更加丰富，也呼应了肤色的暖色

● 背景也使用了暖灰色，通过黑色的转折面和服装区分开

● 签名使用了较深的紫色，和背景的浅紫色相呼应

● 隐约透露出肤色

● 发色采用与服装相同的颜色，但是在笔触上有所区别，以表现不同的质感

● 暖灰色表现出服装的层次感

● 橙色作为宝色调，表现褶皱和亮层的服装

● 用褐色表现浓重的阴影和褶皱的裙部

● 用浅橙色表现服装的亮部。同色的马克笔，使用的力度和层叠次数不同，也会呈现出深浅变化

● 用两种冷灰色表现披散的衣摆

Alexander McQueen
Fall-Winter 2006/7
Illustration by Chunran

人物的衣着和背景使用相近的颜色，用明度的变化和线条的勾勒来区分主次关系，人物和背景既融为一体又相互区别。这样的色彩关系柔和、微妙，具有很强的氛围感。

1.2.2 弱对比色表现出的层次感

弱对比色应该是所有配色模式中应用得最广泛的模式之一，可以使画面呈现出既稳定、统一又富于变化的效果。通过降低色彩的纯度、调整画面的色调、搭配无彩色和使用隔离色等方法，在保证色彩对比带来视觉冲击力的同时，可以协调画面的统一性，加强画面的层次感。

马克笔的画材性质比较独特，其不便于进行色彩调和的特点，使得绘画时在选择颜色方面尤需谨慎，有时需要通过补充灰色系色彩来稳定画面。在购买马克笔的时候，可以多选择一些低饱和度但色彩倾向明显的颜色，这些颜色易于搭配，既可以保证画面具有舒适的视觉感受，同时又可以达到色彩对比的效果，增强画面的生动性。

● 亮面的浅蓝灰色和暗面的深灰色，丰富了画面的层次

● 外套上大面积的暖灰色，奠定了整幅画面的暖色基调

● 橙色的内搭和绿色靴子形成对比，但是绿色是纯度较低、偏暖的橄榄绿，这无疑缓和了两种颜色的对比

● 灰色的外套和黑色裙子作为隔离色，起到了缓和橙色和绿色对比的作用

● 低饱和度的黄色背景，成为肤色与发色的过渡色

● 肤色和发色的饱和度较高，是画面最为醒目的颜色

● 蓝色使用和短裤一样的浅蓝色，相互呼应，避免了短裤的颜色在画面中过于孤寂

● 外套的灰色作为隔离色，缓和了发色与短裤颜色的对比

● 牛仔短裤的浅蓝色虽然饱和度较高，但是因为大量留白，弱化了与肤色和发色的对比

● 外套的颜色虽然较深，但大量的留白改变了固有色的色调，使整幅画面呈现出明亮的格调

+ TIPS +

隔离色

隔离色是一种将原有色彩之间的联系有意切断，使色彩之间互相衬托的颜色。隔离色可以起到两个作用：在对比效果强烈的色彩之间添加小面积的黑、白等无彩色，形成隔离感，缓和色彩的冲突；或者在同一色系或朦胧色系中，添加小面积的艳色或纯色，形成配色中的强调色或重点色，加强视觉冲击力。

黑色作为隔离色，缓和了橙色与蓝色的对比冲突

橙色作为隔离色，在朦胧色系中形成跳跃、醒目的重点色

如果没有背景的颜色，上图的色彩可以归纳为单色系配色；背景颜色的铺陈使画面更加饱满和完整。背景选择了高明度的浅紫色，与表现人物的橙黄色系形成对比，既为画面增加了变化，又不会削弱人物的主体地位。服装上的留白缓和了橙黄色的高饱和度，使观者能将视线聚焦到画面的重点——人物的面部上。

1.2.3 撞色带来的视觉冲击力

不论就时装画而言，抑或就时装本身而言，高纯度的鲜艳色彩更容易被识别，尤其是使用对比色所产生的碰撞感和活跃度，能给观者留下深刻的印象。色相对比能够产生最为强烈的"碰撞感"，然后是明度对比和纯度对比。撞色的使用应包含这三个方面，而不仅仅局限于使用色相上的对比色。

需要注意的是，在使用撞色的时候，要合理分配对比色的面积，这直接关系到画面的视觉舒适度。如果对比色的使用面积基本相等且色彩纯度相近，就可能会让画面变得过于跳脱或过于刺激，从而失去美感。在这种情况下，需要对色彩进行相应的调整，其一是改变色彩的面积，以一个色彩为主，其他色彩为辅；其二，在不改变色彩面积的情况下，需要降低辅助色彩的纯度，弱化其视觉冲击力，以达到画面的平衡；其三，在上一小节所提及的隔离色，在缓和撞色冲突时仍然适用。

此外，既可以在服装本身的色彩搭配里使用撞色，也可以将撞色用在背景色中，以此衬托主体的色彩。

● 鲜艳的红色和浓重的黑色形成强烈的撞色。这两种颜色的面积接近，但因为黑色是无彩色，所以略微缓和了画面的对比。

● 帽子的灰色、留白的高光和肤色在强烈的红黑对比中形成了过渡，缓和了两种颜色的冲突。

● 黑色的边缘线和深灰的阴影，使用无彩色缓和了有彩色的对比。

● 较为饱和的蓝色与橙色形成了撞色对比。但由于蓝色在画面中所占的面积远远小于橙色，因此橙色的腰带和长裤成为画面的视觉重点。

背景大面积使用的灰色没有明确的色彩倾向，但是偏冷的灰色和作为主体色的橙色形成微弱的冷暖对比，更好地衬托了撞色长裤的主体地位

+ TIPS +

撞色的主次

在使用撞色时，两种颜色会相互对抗。为了使画面重点清晰、层次分明，相撞的两种颜色应避免绝对均衡，应该有主有次。体现这种主次的方式有两种，一是面积，二是纯度。

红绿两色面积相等，纯度相近，会产生相当强烈的对比，形成非常刺目的效果

缩小绿色的面积，红色凸显出来，色彩的对比减弱

面积不变，降低绿色的纯度，红色凸显出来，色彩的对比减弱

画面的颜色较为单纯，服装的红色在浅绿色背景的衬托下显得更加艳丽。画面中，红色和绿色的面积相近，绿色的高明度减弱了其鲜艳程度，作为背景色能够和主体拉开层次，形成画面的空间感。服装和背景都有大量的留白，其作为隔离色，也缓和了色彩的对比。

每一种画材都有其自身的特性，从而产生不同的绘画效果和风格。马克笔笔触的运用既是这种画材的难点，也是它不同于其他绘画材料的亮点。由于马克笔笔尖的形状感极强（尤其是硬头马克笔），因此产生的笔触效果也较为有限。在使用马克笔大面积着色时，笔触之间重叠的部分很容易出现渗色，颜色难以绘制均匀，所以笔触的摆放和排列就显得尤为重要。如果能熟练应用马克笔的笔触，则会让画面更加生动而有趣。笔触所产生的点、线、面，通过不同的角度、力度和速度，可以产生更为复杂的变化和微妙的层次。在此基础上，再结合服装的面料、结构和廓形，将笔触进行不同的排列，可以使画面更为细腻丰富，更耐人寻味。

1.3.1 点的变化

　　点一般出现在时装画的细节装饰上，有的排列严谨，客观地呈现出表现对象；有的则是主观应用，跳脱于服装或人物，起到活跃画面的作用。点的形状变化，一般依靠笔尖触及纸面，从不同角度进行绘制，同时根据力度的变化，展现出不同的形态。点虽小，但是经过排列组合，可以"连点成线，连线成面"。

　　另一方面，画面上的视觉中心或重要之处，也可以形成"点"，起到强调或者补充的作用。

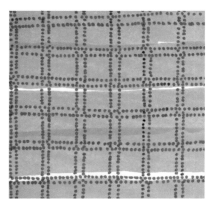

利用马克笔的尖头笔尖绘制的点。

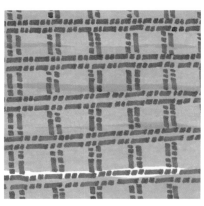

利用马克笔的方头笔尖绘制的方形点，笔触的长短形成点的变化。

利用马克笔的方头笔尖的斜侧面绘制的点，笔尖在纸面上间歇地拖动，使点的长短不一。

利用马克笔的方头笔尖的斜侧面绘制的点，通过笔尖方向的变化，形成规律性的排列。

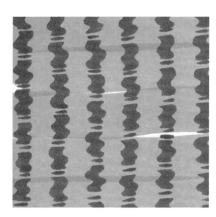

利用马克笔的方头笔尖绘制出 S 形的曲线。虽然单个笔触不是严格意义上的点，但将其置于整幅画面中，呈现的是一种变化性的点。

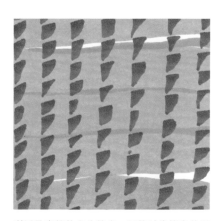

利用马克笔的方头笔尖，运笔时将笔尖从平面转到立面，在纸上快速扫过，形成有变化的点。

上图展示的是"点"这种笔触较为常规的用法。点的笔触根据服装的图案进行排列，表现出透明纱裙上的钉珠效果。需要注意的是，尽管点的元素很小，但在排列时也要表现出服装的层次和立体感。位于服装暗部的点，用更深的颜色来表现；而位于亮部的点，颜色较浅；白色的点则作为高光，凸显钉珠的材质感。

1.3.2 线条的变化

马克笔的笔尖质感以及笔尖的形状，使其在绘制线条时具有极大的优势；尤其是方头的笔尖，利用笔尖上的几个斜面，由手部来控制笔尖转动，可以形成非常丰富的线条变化。

除了调整笔尖的角度、落笔的轻重、运笔速度的快慢，再结合按压、轻扫、顿挫和拖行等运笔方式，线条能呈现出更加丰富多变的效果。流畅的笔触能表现出柔软光滑的面料，平直利落的线条能表现出挺括的面料，不规则的线条能表现出特殊肌理的面料……只要能熟练运用笔触，就能轻松表现出所需的效果。

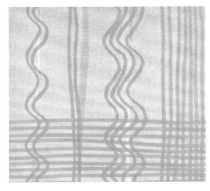

利用马克笔的尖头笔尖绘制的均匀流畅的线条，排列的直线和曲线形成了不同的视觉效果。

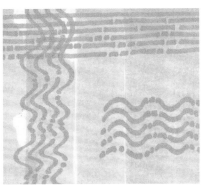

利用马克笔的方头笔尖的尖端所绘制的平整线条，与左图相比，线条较宽，笔触感更强。

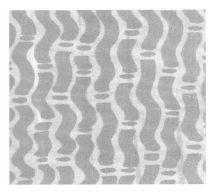

利用马克笔的方头笔尖的侧面所绘制的线条。硬笔头在绘制曲线时也能保证均匀的宽度。

利用方头笔尖的斜侧面绘制的线条，笔触呈现为平行四边形。

利用马克笔的方头笔尖，通过扭转笔尖不断转换角度，形成有宽窄变化的曲线。

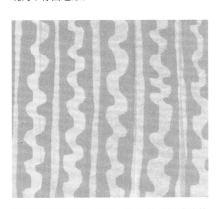

利用马克笔的方头笔尖，在运笔时间歇地抬起和按压笔尖，调整笔尖与纸的接触面积，形成锯齿状的线条。

上衣的细压褶、短裤上拼接的粗糙麻布和网纹面料，以及鞋子上的图案，都是通过均匀的细线表现出来的。线条的长短、排列的间距、用笔的虚实和走向，对面料质感的表现有着非常重要的作用。

此图所使用的线条更为轻松随意，通过线条来确定服装的细节结构和装饰，表现出服装半透明的轻盈质感和细碎的花边褶皱。线条的使用使这幅图呈现出一种率性的速写风格。

Armani. Priu
Consune. Sprin
2016. 07.
From: yname

1.3.3 笔触的排列方式

    点或线能够排列形成面。由于马克笔的画材性质,笔触相交接或交叠的时候会留下较为鲜明的印记,因此不太容易绘制出大面积的均匀色彩,这就需要充分利用叠色的位置、笔触的形状以及巧妙的留白,让大面积的着色显得自然而不呆板。

    时装画不是对时装加以简单的再现,而是通过艺术手段将其加以升华,这就需要了解服装的结构,明确服装和人物的体积关系,掌握面料质感的表现方法,这样才能够对笔触的形状和排列进行规划,以完成所需的画面效果。

利用马克笔的方头笔尖,匀速绘制出线条,平行重复排列。

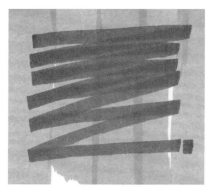

利用马克笔的方头笔尖,连续绘制出"Z"字形,笔触重叠部分的色彩明度会产生变化。

利用马克笔的方头笔尖,放松地绘制出有粗细变化的线条,并将笔触间隙地参差排列。

利用马克笔的方头笔尖,在纸上快速"扫"出笔触,并变化笔触的方向,使笔触相互契合,以排列出整齐的外观。

将不同方向的笔触组合后再进行排列,得到的综合性效果。

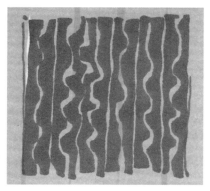

将锯齿形的笔触进行排列,笔触间的间隙形成颇具趣味性的效果。

上图的笔触简洁而清晰:大笔触根据人体和服装的结构而排列;笔触的间隙作为留白的高光;小面积的深色笔触表现出人体的暗部和褶皱的转折,清晰的线条强调了轮廓造型和服装的细节。画面的笔触不多,这要求所有的笔触都要肯定而准确,才能表现出人物和服装的体积感。

在这两幅图中，我们可以对比曲线笔触和直线笔触的排列效果。上图的羽毛通过长短粗细不一、弯曲程度不一的线条排列，呈现出飘逸自然的感觉；右图的薄纱则由较为规则的直线笔触排列而成，展现出面料轻盈但挺括的质感。

1.3.4 笔触的综合应用

使用丰富且疏密有致的笔触,一方面可以准确地描绘人物形象和服装服饰的细节,另一方面可以调节画面的节奏,使画面重点突出、层次清晰。

笔触多种多样,千变万化,但总体而言,在绘制细节部分,如人物的五官、发型、服装辅件和配饰时,笔触相对较小、较细,通过点、勾等方式进行绘制,并配合勾线笔、纤维笔甚至彩铅等辅助工具来进行刻画;在进行大面积绘制时,则可以采用平涂、重复叠色、宽面点画和扫笔等技法进行绘制,不仅有利于材质的表现,还可以让画面生动、轻松,更具可看性。

在表现一些特殊效果时,各种笔触可以相互组合、相互叠加。比如,在平涂的色块上用半干的笔触反复涂抹后,再用细线进行勾勒,会形成颇具趣味性的效果。只要具有一定的探索性和创新性,你就会发现笔触所带来的无穷惊喜。

尽管这幅画只表现了人物的半身,但是使用了多种笔触,形成了丰富而多变的画面效果。皮肤的笔触非常严谨,根据面部和身体结构的转折来用笔,塑造出立体感。头发的用笔稍微自由一些,用细长的曲线来体现头发的蓬松感。上衣的图案和色彩是画面的重点,上衣的底色使用"揉"的方法形成柔和的层次,再用排列的短线来突出肌理。裙子的绘制是沿着褶皱的走向用笔,宽窄结合,表现出褶皱的疏密关系。背景则采用宽头马克笔大笔铺设,笔触之间自然留白,给画面增添了趣味性。

笔触表现的 step by step 案例

　　人物的五官按照常规的方法进行绘制即可。五官和头发作为画面的视觉中心，可以使用较为细腻的笔触进行相对精细的刻画。用谨慎而准确的笔触去描绘五官以及面部结构，用富于流动性的笔触表现头发，运笔时要有一定的方向性，才能让头发既有光泽，又能够体现出蓬松的质感。

step 01 用铅笔绘制草稿，注意人物的动态和基本比例关系，尤其是服装和人体结合的方式。

step 02 用皮肤色的纤维笔对面部和头发进行勾勒，整理出较为明确的轮廓。对服装上的一些不需要的草稿线可以用橡皮擦除。

step 03 用较浅的颜色铺陈肤色，通过用笔的力度来控制颜色的深浅。重色主要集中在眉弓下方，鼻侧面和鼻底面，脸部侧面等凹陷处，以及脸和脖子的交界处。额头、鼻梁及颧骨上方等凸起处注意留白。

step 04 选择较深的肤色，进一步加重皮肤上的阴影，强调出五官的立体感。绘制肤色时笔触不要过于明显，可以在底层颜色未干时进行叠色，形成较为柔和的过渡，表现出皮肤细腻的质感。

step
05 用中楷笔勾勒边缘，注意控制笔触的粗细变化和虚实关系。头发用细而流畅的长曲线来表现。绘制服装时，将边缘线条和褶皱线条进行区分；边缘的线条明确而肯定；褶皱的线条要注意掌握按压和提笔的节奏，表现出褶皱起伏的形态。

step
06 用流畅的长笔触为头发着色，在行笔的过程中可以调整笔尖的角度，使笔触呈现出有粗有细的变化，形成自然的留白效果。可以用笔尖勾勒出一些飞散的发丝，表现出头发的层次感和蓬松感。

step
07 用流畅的笔触绘制服装。通常而言，服装可以用大笔触铺陈，与头发及面部形成对比；也可以选择与头发相近的笔触，使画面更加统一。本案例采用的是第二种方法，在与头发相呼应的同时表现出宽松服装褶皱的流动感。用纤维笔深入描绘面部妆容和袖口的螺纹。

step
08 用纤维笔完成面部的绘制，注意对眼睛光泽感的表现，体现出面部的神态。对于内搭的服装，笔触要尽量简洁，注意高光的留白。

step
09 用深灰色铺陈背景，背景的笔触较为规律，与表现人物及服装的曲线笔触形成对比；同时要注意背景笔触和人物之间相互结合的方式，衬托出人物形象。用高光笔整理出发丝和服装上的高光，使画面更为完整。

Prada fw20
From: yuanchunrui!
2016.07.06.

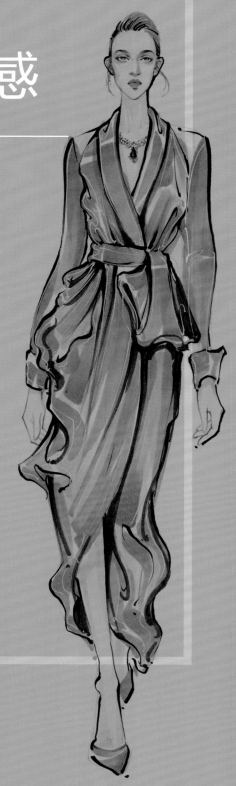

▶▶ Chapter

02 我的
绘画灵感

每个人都想拥有自己热爱的事物。对我而言，将喜欢的事物"据为己有"，最自然、最直接的方式就是将其从头到脚、从左到右，细致入微地用画笔描绘一遍。

在创作时装画的过程中，打动我的要么是模特本人，比如她或他的表情、妆容和姿态等；要么是服装本身，如某套或某件服装的廓形、结构、褶皱或装饰。时装画创作要排除完全的复制，要用自己的理解和表现方式重塑一个自己心目中的形象。

所以，我会密切关注我喜欢的设计师、模特以及时装品牌。在长时间观察和搜集的过程中，又根据自己的审美倾向形成了一种"选择趋势"，当灵感出现在头脑中的瞬间就要捕捉它，就要敏感地认识到它会不会成为我的创作对象，它的独特性在哪里，我要表达的重点在哪里。当你迫不及待地想要将内心涌动的激情付诸纸上时，你笔下的对象才会灵动鲜活起来。

每个人喜欢的事物，要么是能够引发你的共鸣的，要么是你向往但不具备的。时尚行业英才荟萃，被人们敬仰甚至膜拜的"大神"也大有人在。这些大师都有着这样或那样的传奇故事，有的为人所知，有的掩藏在公众视线之外。而我终究是个时尚圈的"边缘人"，我没有太多兴趣了解这些"故事"，我所关注的只是他们的作品。设计师迸发的灵感、独特的视角、特立的思维、荒诞的试验、追求的极致，都在他们的作品中体现了出来。对设计师而言，绯闻、纠纷、谣言乃至世人的评判，都终将消散，只有他们的作品会留存下来。所以于我而言，单纯地爱他们的作品足矣。

2.1.1 亚历山大·麦昆
（Alexander McQueen）

　　亚历山大·麦昆是我认为最能当得起"天纵英才"这四个字的设计大师。当我第一眼看到他的作品的，就有一种沦陷其中的感觉。和我一样，很多人对麦昆的作品已不单单是喜爱，而是狂慕和信仰。在他的作品中，大到秀场布景、模特造型、服装廓形和色彩搭配，小到面料肌理、工艺细节和服饰配件，全都被统一在如同有灵魂的主题之下，美得惊心动魄、特立独行。

　　亚历山大·麦昆作品的最大特点之一就是廓形感很强，而且细节丰富。因为服装本身结构的复杂性和使用材料的丰富程度，所以在绘画表现上的难度也很大，在精准地表现绘画对象的同时还要保证画面的节奏感。服装如同建筑般穿插的结构、数码印染的图案、交叠的透明与半透明材质、璀璨的镶珠钉钻、形态多变的褶皱等，要想将这些恰如其分地表现出来，就需要使用灵活而多变的笔触，并且对笔触进行梳理和组织，做到繁而不乱。还可以使用多种材料进行辅助，以达到预想的效果。

　　麦昆作品的另一特点是模特造型的多变，每一季作品都有特定的造型特征，无论是 2006/2007 秋冬的翅膀头饰，还是 2009/2010 秋冬的硕大红唇，都是标志性的让人难以忘记的形象。你也许不会记得秀场上某位模特的面孔，但是整场秀给你的震撼一定是强烈而持久的，就如同在脑海中打下了烙印一般。这增加了表现的难度，但也给画面带来了别样的趣味性；一些细微角度的变化，模特气质和神态的表现，能够使画面更加耐人寻味。

Alexander McQueen
from yuanchunran
2016-12-27

2.1.2 亚历山大·王
（Alexander Wang）

亚历山大·王是这些年深受追捧的年轻设计师，他充满活力和热情，对设计有着强烈的主观意识，他既可以在创作中投入感性的审美判断，又可以理性地维护自己的品牌持续发展，很好地兼顾了自主创作和商业运营，在这方面他无疑是最闪亮的榜样。

亚历山大·王的作品是典型的现代简约风格，其中透露出一些大都市的冷漠感和年轻人的自由率性。本小节展现的是亚历山大·王与H&M合作的一季作品，为了展现出强烈的运动风格，在人物塑造时，有意地夸张了模特的身体比例，使之看起来更加具有力量感。肤色以平涂为主，在面部结构转折处用"扫笔"干净利落地强调出阴影的形状，使画面更具简洁的运动感。

在诠释服装的时候，需要根据服装的面料和细节选择相应的绘画材料和表现方式，既能够相对轻松和完整地表现出对象，又能够使时装的特色最大化。这里展示的作品整体感很强，色彩是简单明了的黑白灰，因此明快、大胆的线条和简洁的色块是最好的选择，通过笔触的转折塑造服装简练的结构和轮廓。在勾线时使用的是更加富于变化的中楷笔，一方面作为轮廓的界定方式，另一方面也可以成为服装颜色的组成部分。

在表现本系列时，因为着墨不多，所以笔触的排列和每一笔的形态都要非常讲究，留白的区域也要精心安排。有时候，越简洁的画面越需要谨慎对待。

2.1.3 约翰·加利亚诺 （John Galiano）

约翰·加利亚诺是我在刚刚接触到时装插画时就吸引我的一位设计师。当时因为喜欢 Dior 的经典廓形和腰身结构，所以画了很多加利亚诺为 Dior 设计的高级定制系列。

后来加利亚诺因为被 Dior 解雇以及一些负面新闻，沉寂了好几年，每到时装周看不到他的设计作品，我总觉得有所缺憾。直到他重新复出执掌 Maison Martin Margiela，这起伏的人生际遇燃起了我回顾他历年作品的兴趣。

从 1997/1998 秋冬浮夸的国王宝座 T 台到 2009/2010 秋冬来自巴尔干半岛民间的美好传说，再到 2010/2011 秋冬的浮夸头饰，加利亚诺的设计充满了"无可救药"的浪漫主义，历史上经典的服饰在他的手下以极为戏剧化的形式呈现出来，有一种挥洒自如、淋漓尽致、极尽放肆的美感，秀场上模特们摇曳的身姿，承载着人们对美最极致的梦想。

加利亚诺设计的服装，大多结构复杂，充满了各种细节和变化的褶皱，所以在绘画的过程当中要尤其注意笔触的粗细变化，行笔的方向要注意是否与褶皱的结构一致，笔触的排列是否符合服装结构的转折。在保证细节表现充分到位的情况下，衣服可以进行大面积概括，来凸显其夸张生动的风格特征。

飞扬与精致相结合，夸张与微妙相结合，古典与前卫相结合，唯美与破坏相结合，约翰·加利亚诺的作品就是这样将各种矛盾集合在一起，以不可思议的形式呈现出来，形成他独特的、令人难以忘怀的风格。

To: John Galliano.
From: yuanchunran. A.
2016. 10. 26.

设计师作品表现的 step by step 案例

本案例来自约翰·加利亚诺 2009 年秋冬秀场的一个形象。层次丰富的薄纱面料，细节精致的配饰以及夸张的妆容，使得画面在表现上有非常明显的层次感。值得一提的是，薄纱面料的绘制需要准确地掌握人物形体的结构，才能让掩映在衣服下面的肢体自然而生动。同时需要注意对面部妆容的刻画，在准确客观地表现妆容的同时，不忘增添戏剧性的效果。

step **01** 用铅笔绘制草稿，需要注意人物动态和基本比例关系，以及服装的结构和轮廓。

step **02** 用浅色针管笔勾线，避免上色时出现铅笔和马克笔混色的现象，同时进一步明确画面细节。

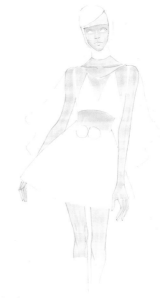

step **03** 皮肤整体铺色，根据人物皮肤的块面关系和肌肉转折进行上色，需要注意着色均匀，尤其是在笔触叠加的位置上，过渡要柔和。

step **04** 绘制皮肤的暗部。在既定光源的情况下，根据人物的肌肉形态来叠加暗部色彩。注意笔触的形态要与暗部形状相吻合，大小、疏密不同的笔触要结合运用。

step **05** 用中楷笔勾线，利用中楷笔本身的弹性和变化，表现出服装的轮廓和结构。需要注意的是，线条粗细的变化要与服装的光影效果相结合。服装的结构线和褶皱线要注意虚实关系的处理。

step **06** 绘制服装的基础色，选择服装本身的固有色进行铺色。主要注意笔触的运笔方向，尤其是裙摆处的条纹要随着褶皱的起伏而转折。

step **07** 绘制面部妆容，利用纤维笔的色彩渐变效果进行五官的细节刻画。注意根据五官的结构变化进行色彩的叠加。

step **08** 深入刻画五官，加强人物表情，描绘出戏剧性的夸张妆容。注意通过颜色的变化来塑造五官的结构和体积转折。然后利用纤维笔绘制出皮肤的轮廓线。

step **09** 加强服装的体积感和色彩层次。在原有的色彩基础上，用较深的颜色营造出服装的体积感并刻画服装细节，尤其是裙摆的褶缝处，需结合勾线笔，来达到丰富的效果。

step **10** 选择与画面色调相一致的浅色铺设背景，使人物和服装统一在一个色彩倾向里面，让画面更具有氛围感。

step 11 使用较上一层颜色稍深的色彩进行背景铺色，同时烘托画面人物，使人物更加突出，轮廓更加完整。使用高光笔对服装的转折处和部分轮廓进行提亮，对配饰的高光进行着重处理，以表现出配饰的材质感。最后对人物的面部高光以及细节装饰进行深入刻画，使画面层次更加丰富、精致。

在时装行业中，时尚资讯尤为重要。每年的时装周是时尚趋势最集中的体现，大量的品牌作品出现在网站、微博等平台上。观察秀场上的时装作品，一方面可以比较全面地了解一整季的流行要素，包括妆容、配饰，甚至是背景音乐，另一方面可以对比品牌之间的风格和特色，对品牌有更为深入的认知。绘制秀场的作品具有一定的时效性，因此要在短时间内完成。如果是专门为网站或者品牌进行绘制，对时间的要求会更加严格，工作强度很大。不过，因为秀场模特的动态基本上是行走的姿势，所以相对比较好把控，但同时也要注意适当的夸张和变化，避免作品看上去千篇一律。

2.2.1 Dolce&Gabbana

在 Dolce&Gabbana 及其副线 D&G 的秀场作品中，艳丽、鲜明的印花和夸张的配饰是设计师所钟爱的元素，因此在绘制时装画的时候，这两部分需要着重表现。

在表现印花时，一般需要根据服装褶皱来调整印花的形态，即印花需要根据褶皱的起伏而变形。但马克笔是一种写意的快速表现工具，因此在表现印花时可以适当将其平面化（条纹和格纹除外），使其具有更强的装饰性。

然而，想要表现出印花的层次和多变的形态，尤其是一些细小而精致的装饰和纹理，就要特别注意笔触的应用和灵活变化，通过按压、旋转和倾斜笔尖来进行绘制。如果是刺绣或钉珠的图案，还要注意表现出图案的立体感；如果有较为夸张的配饰，则要体现出配饰的材质，有时配饰能成为画面的点睛之笔。同时，要合理地进行省略和概括，如果面面俱到地去表现每一个细节，那么只会让画面显得过于平均，失去了主次关系和节奏感。

DOLCE & GABBANA 2013
By: Chunran.

2013.03.03.

DOLCE & GABBANA 2013
From: yuanchunran.

2013.03.02.

Dolce&Gabbana.
Fall Winter 2015
From: yuanlin was
2015.03.16

Dolce & Gabbana.
Fall Winter 2015
From: yuanchunran R
2015. 07. 15

Dolce & Gabbana.
Fall Winter 20[...]
From [...]
2015.07.04

Dolce & Gabbana.
Fall Winter 2015.
From: yuandunran.R
2015.07.15

2.2.2 Givenchy

作为老牌的奢侈品品牌，Givenchy 的时装带有传统的典雅和华贵，带有法式时装所具有的浪漫情怀。对这个品牌的关注最初是因为被奥黛丽·赫本（Audrey Hepburn）在《罗马假日》（Roman Holiday）《甜姐儿》（Funny Face）等影片中的形象所惊艳，而后在每一季的秀场上，不同的新潮风格被不断引入这个传统的品牌，使其焕发出崭新的魅力和风貌。

Givenchy 的时装，将优雅与性感天衣无缝地融合在一起。在我所绘制的这几幅作品里，充满了丝绸、薄纱和蕾丝等轻薄的面料。要表现出面料的半透明感，就要虚实结合，肤色透过面料隐隐约约地透露出来，这需要通过在暗部阴影处叠色，在亮部受光处巧妙地留白来处理。

此外，丝绸和薄纱的垂坠感较强，所以在表现的时候，需要更多地注意线条的变化和笔触的形状。巧妙地留白除了表现面料的半透明，还可以使面料的光泽感更强。

在表现较为素雅的画面时，细节尤为重要，可以结合彩色针管笔对蕾丝的细节进行刻画，同时利用背景色突出模特的主体形象和衣服质感，让画面具有更强的层次和视觉效果。如果画面非常复杂，就需要对画面进行统一，形成视觉上的协调感和整体性。

Givenchy 2016 u.
From: yaenchuan P.
2015. 09. 18

2.2.3 Prada

同为老牌的奢侈品品牌，Prada 近两年的表现不太尽如人意，秀场上没有太多让人眼前一亮的作品，再加上设计风格的频繁转换，现在已经很难让人留下深刻的印象。

但是 Prada2016 春夏的这一季作品我非常喜欢，服装的廓形简约，以宽窄不一的条纹作为主要的装饰元素，其间穿插着细小的印花，再搭配独特的配饰和金属色唇彩，有着复古的雍容和 20 世纪 60 年代的摩登感。

在绘制这个系列时，我以相对平面的手法进行表现，忽略

了体积关系，注重色彩的搭配和线条的韵律。在勾线的时候，选用了相对较硬的针管笔，在表现出利落线条的同时寻找粗细变化，和整体的风格相吻合。色彩和条纹的部分则直接利用马克笔的笔尖宽度进行平涂即可，符合服装整体风格的同时又形成轻松的画面氛围。

在采用平面装饰性的表现手法时，留白仍然非常重要，尤其是边缘处的留白，既强调了服装的款式和结构，又适当地展现出了明暗关系，为平面的表现方式增加了一些立体感。

inspiration from prada 2016 ss.
illustration. by. yuanchunran. Q.
2015. 10. 02 ——.

2.2.4 其他秀场

在绘制秀场图时，表现对象通常具有很强的完整性，这就要求绘画者具有掌控整体的能力，包括：能够准确塑造出服装的款式，充分体现出面料的质感；在保证形体协调的情况下，把握好面部的表情和妆容；能够主动地提炼和处理褶皱的走势；等等。

此外，因为马克笔的色彩调和性稍弱于其他画材，所以在色彩的处理上可以既遵循客观的颜色倾向，又加入一定主观的色彩感受或对色彩搭配进行适当的变化，加强画面的整体性和统一性。

秀场表现的 step by step 案例

本案例选取的是一个相对完整、服装结构清晰的秀场形象，融合了多种面料材质和装饰手段。外披的上衣在体现出肩膀宽度的同时要强调出服装的廓形；内搭的毛衣花纹需要表现得相对精细，以突出服装的装饰性，并与外套的概括画法形成对比；裤子的结构和褶皱是比较清晰的，需要注意胯部和膝盖因为动态所产生的高度变化。此外，还要处理好领结、裤脚和鞋子的细节。

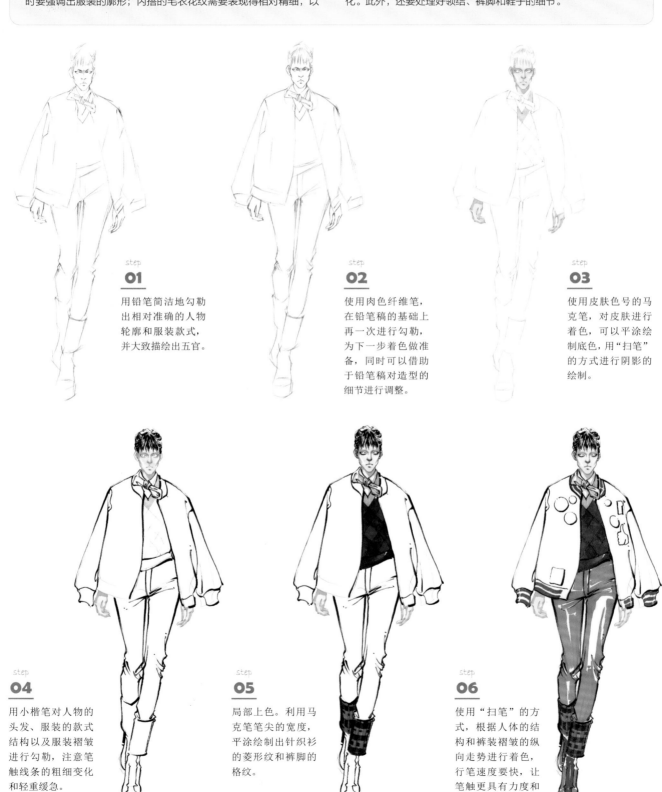

step

01

用铅笔简洁地勾勒出相对准确的人物轮廓和服装款式，并大致描绘出五官。

step

02

使用肉色纤维笔，在铅笔稿的基础上再一次进行勾勒，为下一步着色做准备，同时可以借助于铅笔稿对造型的细节进行调整。

step

03

使用皮肤色号的马克笔，对皮肤进行着色，可以平涂绘制底色，用"扫笔"的方式进行阴影的绘制。

step

04

用小楷笔对人物的头发、服装的款式结构以及服装褶皱进行勾勒，注意笔触线条的粗细变化和轻重缓急。

step

05

局部上色。利用马克笔笔尖的宽度，平涂绘制出针织衫的菱形纹和裤脚的格纹。

step

06

使用"扫笔"的方式，根据人体的结构和裤装褶皱的纵向走势进行着色，行笔速度要快，让笔触更具有力度和变化。

step
07

相对于裤子，衣服的结构更为复杂。根据衣服的结构进行着色，笔触长短结合，适当使用侧锋，让画面看起来更加丰富。

step
08

对细节和五官（参照P147人物面部步骤）进行刻画，细节是时装画中点睛的部分，需要细心、深入，让画面更加完整饱满，节奏感更强。

step
09

用高光笔绘制出褶皱和人体凸起处的高光，以及格纹的细节。高光仍然要根据形体的结构和褶皱的走势来绘制，避免太过于凌乱而破坏画面的整体感。

2.3 ▶▶
时尚大片

时尚大片的创作空间相对秀场图片更加宽松，可选择性更大，同时也更具趣味性和挑战性。借鉴时尚大片进行创作，可以有更加多元的表现角度，不仅仅是服装，人物动态、妆容、配饰甚至场景，都可以成为着重表现的对象。

需要注意的是，首先要决定的是画面风格，你倾向的是硬朗、简洁、浪漫，还是随意？这是在动笔之前需要明确的，进而在绘制的过程中，每一个步骤，每一处细节，都需要围绕着这一主题风格。其次是人物的动态和表情，在准确的前提下适当进行美化，在美化的基础上适当进行夸张，在夸张的程度上达到生动以至于传神。最后就是对于细节的耐心描绘，面部、发型、腰、鞋子、手和配饰等，都可以成为画面的精彩之处。但相对的，如果有一个小的细节出现瑕疵，那么对整体画面都会有很大影响。此外，在前面章节中提到的构图、人物动态和画面配色等，都可以灵活运用，以追求更佳的视觉效果和画面形式感。

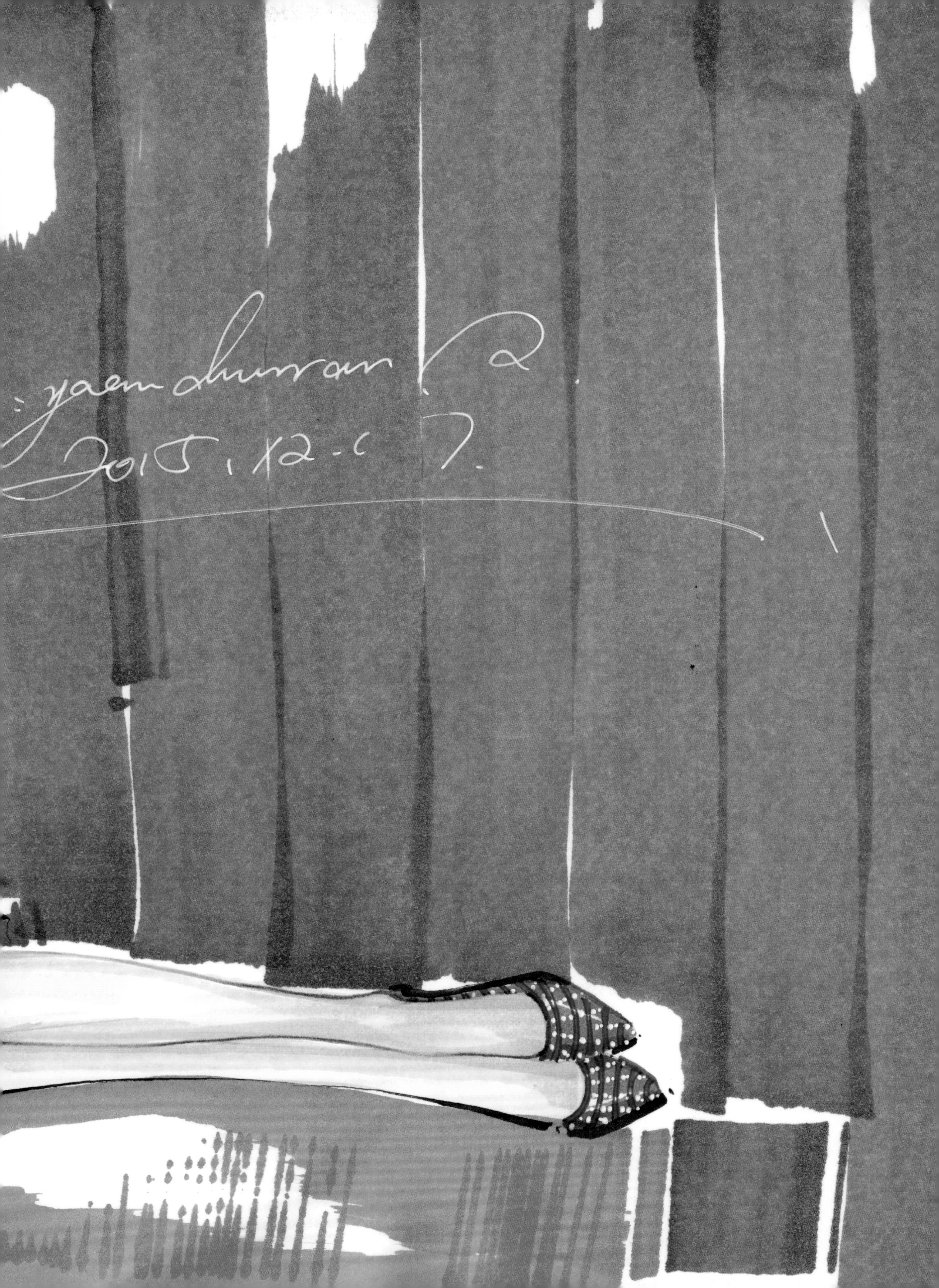

时尚大片表现的 step by step 案例

　　本案例中的模特动态较大，服装的面料质感相对比较明显，在处理的时候可以主观加强这种对比性。

　　模特的面部处于 3/4 侧面，是时装画中比较容易进行表现的角度，眉弓、鼻底、唇沟和颧骨的阴影不需要太过强调，只要准确绘制出阴影的形状就能表现出面部的立体感。

　　在表现服装时，可以通过勾线来反复强调皮草外套和裤子的质感对比。外套要根据皮草的走势来绘制轮廓，既要有松弛舒适的效果，又要保证皮草的体积感和毛丝的生动性，所以在勾线时要注意用笔的变化，通过手部的力度来控制笔尖的提、按、顿、挫。上色的过程中，上衣和裤子也采用了完全不同的上色手法：皮草需要使用揉和涂抹的笔触来强调皮草的质感；而裤子在几乎没有细节的情况下，则选择扫笔和平涂的宽笔触来完成绘制，使其与上衣产生强烈的对比效果。

step
01

铅笔起稿后勾线，注意要将皮草的勾线处理方式与裤子的区别对待。皮草在勾线时需要注意长短线条的结合和整体走势的变化。然后整体平铺皮肤的底色，再用较为肯定的笔触绘制出面部和手部结构转折处的阴影。

step
02

局部上色。头发部分需要注意层次和颜色的搭配，但对比不宜过强。用同样的颜色绘制出鞋子，和头发的颜色相呼应。鞋子上的豹纹图案可以用笔尖的侧锋点绘制出来。

step
03

裤子部分使用宽头马克笔着色，下笔时力度稍大，快速"扫"出笔触，这需要有较强的控制能力，通过不规则的笔触形状，来表现裤子的体积和褶皱。

step

04 白色的皮草依靠大量留白来体现其固有色。皮草的暗部用宽窄、粗细变化极大的笔触来绘制，表现出皮草蓬松、不规则的状态。
利用马克笔的侧锋形成的斜面笔触，营造出台阶的透视效果，台阶的转折依靠留白体现出来。用高光笔提炼出高光，进而完成
画面。

101

Armani Privé 2016
From: yuandunnan
2016.01.26

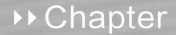

▶▶ Chapter

03 我近期的
风格尝试

绘画是一件单纯但是需要认真投入的事情，无论是对
绘画技巧本身的钻研还是对周围环境或行业动向的关
注，都需要付出时间和精力去用心领会。

有了新的灵感或受到启发时，就要尽快去实践，否则
灵感稍纵即逝。一方面，时装画这个题材本身具有特
殊性，时尚的快速更迭会提供源源不断的新素材，不
断刺激创作的欲望，如果不想要所有画作都千篇一律，
就必须求新求变，不断突破自己。改变勾线的方式、
改变叠色的方法、调整笔触的形式等，都是对新风格
的探索。另一方面，对新的画材的尝试，也会导致绘
画风格的转变，每一种画材都有其特定的特点，笔尖
软硬粗细的不同、纸张肌理感的不同或搭配的辅助材
料不同，都会使画面更具独特性，再配合个人不同的
使用方法，会极大增加画面的趣味性。

最后要说的是，每一位插画师也许都有自己的绘画风
格，这并不是强行为之，而是其在创作中将个人审美
和市场实践相结合而形成的最为适合、最受认可的表
达方式，这种风格并非一成不变，而是根据绘画者的
个人经验、兴趣喜好以及市场认同度等不断精炼和提
升的。风格更像是一种视觉表现的形式，而内容和不
断创造的精神才是更重要的。

马克笔的色彩虽然混色较弱，但是透明度高。初学者在购买马克笔的时候，往往倾向于选择饱和度高的色号，因此马克笔绘制的作品大都色泽鲜艳、明快。色彩作为绘画的第一视觉要素，改变色彩的搭配模式，在很大程度上会影响画面的风格。在绘制了大量的马克笔作品后，我想要寻找一些更微妙、更细腻的变化，尝试更为清新的风格。

在前面已经提及，不同的画材因为其特性，在很大程度上会影响绘画技法和风格，如彩铅适合细腻的风格，水彩适合清新、淋漓尽致的风格，马克笔适合快速、干脆利落的风格……本小节的尝试，除了追求更柔和的色调，还在于突破对马克笔这种材质的界限，将水彩和素描的一些技法融入其中，形成更丰富的画面层次。

3.1.1 简单而不单调的单色

使用单色会让自己在绘画时更加放松，因为单纯的黑白灰关系可以让自己更加关注造型本身。由于去除了色彩的因素，为了避免画面的单调，使画面具有丰富的层次感，需要着重考虑黑白灰层次的划分和面积的分配。通常，马克笔的灰色色阶划分有一定的限度和梯级，如果不能在绘画前对黑白灰的色阶进行准确的分配，那么必然导致画面层次不均或者混乱。

在单色的画面中，我也会少量加入一些彩色，或者是使用色彩纯度极低、极为接近灰色的类单色。在这里，色彩本身变成了一种装饰的手段。

黑白灰永远是时尚界不朽的搭配方式，在简练中寻求层次，在单调中寻求变化，这便是经典。

铅笔是绘画过程当中不可缺少的工具之一，细腻的笔触可以完整而精致地完成细节的描绘。无论是微妙的色阶变化，还是强烈的黑白对比关系，都可以用一支铅笔来实现。在线条的处理上，可以通过力量和角度的控制，或是排列方式的变化来实现线条的多样性。所以，铅笔的应用范围非常广泛，不应该仅仅用来起稿。

在绘制铅笔淡彩时装画的时候，一方面要充分利用铅笔的特性，强调人物和服装的线条节奏和变化，在保证造型准确优美的同时，让人物形象更加生动而放松。利用铅笔的优势对细节进行精准的描绘和深入刻画。明暗关系和阴影过渡也可以通过排线等方式确定出来。另一方面，淡彩的部分使用的颜色明度不宜过低，也不用重复叠色，否则会把铅笔的线条和调子全部覆盖掉。用颜色较浅、饱和度较低的颜色进行绘制，这样既可以呈现出通透的色彩效果，也可以保证铅笔部分的精致效果。

Alexander McQueen.
2016. SS.
From: yuanchunran @.
2015. 10. 10.

Alexander McQueen.
2016. SS.
From: yuanchunran. @.
2015. 10. 10.

3.1.3 柔和自然的淡彩

　　在淡彩时装画风格的尝试过程中，我放弃了用黑色的中楷笔或小楷笔勾线的形式——虽然线条有其自身的韵律感，并且利用勾线可以强调人物或服装的结构——而是通过用色彩形成的"面"来塑造形体，呈现出的画面效果以色彩关系为主，色彩与色彩的衔接使画面的过渡更为自然。

　　想要突出淡彩的风格，最重要的一点就是对颜色的控制。首先，可以利用的彩色勾线笔，选择色相比较接近的颜色进行轮廓的勾勒，让线条自然流畅。随后，在上色的过程当中要注重颜色的深浅搭配，可以多选择低饱和度、高明度的色彩，形成较为统一的色调，展现出柔和清淡的画面，使视觉上获得舒适的感受。

　　大面积的留白可以让颜色之间的透气感更强。对于透明及半透明的画材而言，不论是否勾线，是否强调轮廓边缘，都一定要留白，这是保证画面通透感的关键。最后需要注意，由于淡彩时装画的画面明暗对比较弱，节奏感相对缓和，因此要体现出表现对象的体积感，就需要在细节的处理上十分用心，才能让画面整体的节奏主次分明。

清新淡彩表现的 step by step 案例

本案例选择的是一套蓝绿邻近色搭配的服装。服装原本的颜色纯度较高，为了缓和色彩带来的视觉冲击力，在绘制时主观地增加了留白的面积，画面上的一些重色，如眼镜和鞋的颜色，也适当地弱化处理。

为了避免使画面显得单薄，对针织衫的花纹和手提袋的图案进行了细致的描绘，对眼镜、鞋和领巾也进行了充分的表现。此外，笔触的应用也非常讲究，用明确的笔触表现的外形给画面带来了一些装饰感，增加了画面的耐看性。

step 01 使用铅笔绘制出人物和服装的大致轮廓。

step 02 使用与服装色彩相匹配的纤维笔进行勾线，颜色可以主观进行调整。这一步对于线条的要求较高，没有修改的余地，所以在铅笔起稿时要做到准确，在勾线时才能以相对轻松的方式去呈现。同时需要注意线条的变化和流畅程度。

step 03 使用相对轻松的线条对服装细节进行勾勒，仍然使用和细节相匹配的颜色。

step 04 使用马克笔进行上色。最先选择颜色的中间色度进行，着色部位主要集中在服装的转折处和暗部，使用相对准确的笔触描绘，亮部可以大面积留白。同时对皮肤进行平涂式的填色。

step 05 使用平涂的方式对画面细节进行填色，注意对边沿的留白。同时用较深的颜色加重皮肤的暗部，强调体积感。

STEP 06 选择较浅的颜色对画面的亮部上色，注意亮部颜色与暗部颜色的匹配程度和协调性，同时注意笔触的形状与服装褶皱和结构的一致性。

STEP 07 选择色阶较深的颜色对服装最暗部进行细致的勾勒，面积不宜过大，在强调色彩变化的同时，对人物的造型进行一定程度的调整。

STEP 08 使用针管马克笔和高光笔对人物和服装细节进行描绘，使画面更加丰富完整。

3.2 ▸▸

速写风格

如果说淡彩风格是为了"弱化"马克笔的特性,那速写风格就是"强化"马克笔的特性。速写风格的表达方式有很多,无论是简单的线条表现还是色彩的快速处理,都要求绘画者在极短的时间内一挥而就。速写风格不要求将画面处理得非常完善,而是更多地注重对表现对象的第一感觉和对形体特征的准确捕捉,在色彩方面可以放松地进行"印象化"处理,不需要过多的层次或拘泥于太多细节。速写风格的画面应该让观者感受到视觉上的愉悦和自如。

3.2.1 用线塑形

　　用线条对人物和服装进行绘制,线条的流畅和变化是表现的关键。表现人物的线条应简练而准确,尤其是面部的结构比较复杂,这就要求绘画者具有高度的归纳概括能力。线条对于衣服材质的表达尤为重要,皮草使用参差的短线,丝绸使用顺滑的长线并且要体现出多褶,呢料的线条要肯定而有力度并且要体现出少褶,同时,在用线表现服装时,还要注意褶皱的穿插和叠压关系。

　　用线条组成画面,需要注意线条的疏密关系和画面节奏,不宜平均,也不宜对比过于强烈,在疏密关系的把控上可以适当进行主观处理。同时需要注意的是,一幅画的线条风格也要适当进行统一,采用较为均匀的细线或是采用粗细顿挫变化明显的线条,画面的风格也会发生相应的变化。

3.2.2 更加放松的笔触

　　使用马克笔进行绘制的时候，通常我们会利用笔触的排列来表现明暗变化和体积感，笔触的走势所产生的转折变化和服装的结构相吻合，以便塑造出形体特征。

　　但是在用速写的方式进行表达的时候，可以处理得较为放松。这里借鉴了一些游戏动画原画的起稿方式——没有明显的线条，用大块的色块来塑形，在表现出大关系的基础上再一步步细化。光源色、反光和环境色等色彩关系在画面上都有所体现。

　　这是一种线面结合的方式，从画面上可以看到色彩的叠加所产生的丰富变化，笔触和笔触之间重合出现的轮廓更加具有冲击力。但是，因为马克笔是透明性的画材，多次叠加后色彩纯度会降低，因此在作画之前要深思熟虑。颜色层叠的次数也不能太多，避免画面变得脏乱。

3.2.3 夸张的形体

夸张是为了突出表现重点，增加画面的视觉冲击力。不同款式的服装和模特形象需要采用不同的表现手法来突出其特征。

对于形体的夸张，首先是要保证视觉上的舒适性，即在合理的范围内进行夸张处理，模特的神态气质、五官及人体的结构等都需要表现准确，不能因为夸张而"走形"。以人体比例为例，如果采用12头身或更大的头身比，脖子、腰节、手臂和腿等都要相应拉长，而头、手和脚则基本保持原比例。如果仅拉长腿部，那人体比例就会失衡。

在表现服装时，可以采用整体夸张和局部夸张两种形式。

一般廓形较为鲜明的服装采用整体夸张的形式，如 Oversize 的服装，可以将其表现得更为宽松，和纤细的人体形成对比；而一些局部结构相对独特的时装，比如具有装饰用的飘带或蝴蝶结等的，可以以局部强调细节，来突出服装的设计特点。

夸张也是创作的一部分，是个人风格的标志。我们在创作时装画的时候，原本就会对客观对象进行美化，这其实也是一种夸张。但是当我们想要表达出较主观的情绪和较为个性化的审美时，就有必要增加夸张的程度，使画面形成更具冲击力的视觉效果。

3.3 ▶▶

写意风格

感受对于绘画来说尤为重要，如果绘画的素材能够和自己产生共鸣，则可能激发创作的欲望，进而引起在绘画技法和风格上探索的兴趣。本小节的作品相对于我平日的创作比较放松，追求一种中国画所讲究的"在似与不似之间"的写意风格。形体上追求准确的同时不拘泥于细节，更强调整体的形式感；在笔触的使用上丰富多变，强调一种流动性；在着色方面，五官的叠色较多，使用晕染效果，让表情更加松弛、自然。同时大面积的背景铺色，在烘托主体形象的同时，更加有助于表现画面整体的流动感和节奏感。

From: yuanchunyan.
2016.02.23

写意风格表现的 step by step 案例

本案例服装的装饰细节较多，豹纹的外衣和内搭让大部分的视觉注意力集中在模特的上身，蓬松的头发也是需要重点表现的部分，所以下半身的裹身裙可以采用简单的方式进行处理。

整张作品采用相对松弛的勾线方式，这就需要把控好服装主要

的褶皱关系，要有意识地对褶皱进行归纳。着色的时候需要保证暗部的空间效果，花纹的绘制并不需要十分严谨，只要掌握了花纹的形状和绘制花纹的用笔方式，并将花纹适当分布，保证视觉上的舒适性即可。

step
01

用铅笔勾线，注意保证形体准确，控制好五官结构的细节。

step
02

用较浅的皮肤色针管笔勾线，在原有铅笔稿的基础上进行调整，进一步明确形体，注意笔触力度不同时线条产生的深浅颜色变化。

step
03

给皮肤着色。想要表现出写意风格，需要使用两个色号的皮肤色，注意上色要迅速，在浅色没有完全干燥时就迅速涂抹深色，不宜间隔过久，使两种颜色的融合过渡更加自然。

step
04

使用小楷笔勾线，注意表现轮廓和内部结构的笔触要有变化。头发和服装的材质不同，所以在勾线的力度上要有所区别：头发丝的线条要轻快自由一些，服装的线条则需肯定并富于变化。

step
05

基础色上色。当把画面重心放在
模特的上半身时，可以使用较为
严谨的笔触进行基础色的铺陈，
下半身的服装尽可能地使用概
括的笔触进行简化处理。

step
06

给面部细节上色。在五官转折和
结构明确的部分，使用较重的颜
色进行叠色，增加五官的立体
感，表现出模特的神态（可参照
P147面部表现的步骤）。

step
07

加深服装的阴影，使服装更加具
有体积感。阴影主要集中在服装
的转折处和褶皱的内侧，暗部使
用的笔触应明快而肯定，避免拖
沓累赘。

step
08

可使用马克笔尖头的一侧进行
细节花纹的绘制，需要注意花纹
的颜色因为褶皱的起伏所产生
的微妙变化。

09 完善细节。用高光笔绘制出发丝和服装的高光。使用深色铺陈背景色。要注意，模特身体附近的背景笔触应该尽量准确，不要遮掩模特的身体，以保证轮廓的完整性，同时笔触不能僵化，要轻松自如。背景的颜色尽量以灰色系为主，避免与主体人物产生冲突。

04 局部的 深入刻画

目前时装画的创作，无论是创作题材还是表现风格都非常广泛，插画师之间个性化的差异也让时装画的创作更加自由，大众对时装画的欣赏也较以前更具有包容性。尽管如此，一些评判画作好坏和创作者水平的标准仍然没有改变，画面的细节和深入程度在很大层面上就是评判标准之一。细节的强化处理，既是创作者自身对于创意表达和情感传递的诉求，也是其对观赏者进行视觉引导的有效方式。

创作者是否有深入刻画的能力，是否能游刃有余地掌控和驾驭某种绘画材料，是否能够协调整体和局部的关系，这些都是深入刻画能否达到预期效果的关键。人物的五官神态，服装的某个局部，配饰的特殊质感，或是某种色彩关系甚至是一种用笔的方式，都可以成为深入刻画的切入点，让你的画面呈现出独属于你的个人风格。

4.1 ▸▸

人物表现

时装画与效果图不同，它表现的不仅是人物的着装状态，更多的是表现人们时尚的生活方式，因此画面的表现重点并非一定是服装。在着重表现人物的时装画中，对于时装的刻画就会相对弱化，有时可以通过线条或块面对时装进行简单的概括，或最大程度将其弱化，以突出强调人物形象。人物形象的刻画，从头发的层次到发丝的细节，从五官的结构到面部的神态，从动态的准确到姿态的变化，都是可以重点表现的地方。尤其在装饰性比较强的绘画作品中，每一处细节的深入刻画，在满足视觉观赏性的同时要保证其严谨性，在风格统一的情况下，每一个微妙的变化都值得注意。

4.1.1　人物的面部特写

　　一般在创作以人物为主的时装画中，五官的结构及其形成的面部表情是整幅画面的关键，如果能体现出人物的气质与神韵，那整幅作品都会灵动起来。人物面部的特写是将一个局部进行放大表现，所以需要在画面上展现出更多的细节，无论是表情的生动性还是妆容的精致程度，都需要精雕细琢，避免画面显得空洞。

　　在表现人物面部时，首先要注意皮肤的颜色要深浅一致，如果额头和脸颊，或是面部和脖子的颜色不一致，则会影响画面效果和明暗关系的表现。因此在绘制皮肤时，可以先用一个较浅的颜色统一铺设一层底色，再通过较深颜色的叠加，来表现面部的立体效果。其次，五官的刻画尤其要注意体积感的塑造，不要因为过度关注妆容的刻画，而忽视了五官本身的体积关系。

　　此外，不要忽略头发的表现。头发可以采用和面部一样的精细程度，增加画面的丰富性；也可以寥寥几笔进行简化，以更好地衬托面部。但不论是哪种表现方式，头发都应附着在头部，并随着头部结构的变化而产生色泽上的变化。最后，需要注意头部和颈肩的关系，结构要准确，视觉上要舒适。

東方

人物面部表现的 step by step 案例

　　本案例选择的是一个 3/4 侧面的动态，身体的侧转和手臂的动态增加了画面的趣味性，但同时也增加了绘制的难度。在用铅笔勾线的阶段就要确定好形体的准确性。虽然要表现的对象以头部为主，但是案例中涉及的细节非常多，除了头、颈、肩微妙的扭动关系外，还需要注意头部上仰的透视、装饰性的妆容、手套和珠宝的质感，等等，以体现出画面的层次感。

step 01 用铅笔绘制草稿，五官细节需要相对准确地勾勒出来，并注意肩部的透视和手臂的动态。

step 02 在铅笔稿的基础上使用肉色纤维笔进行勾线。需要注意，在转折部分，例如眼角、嘴角和颧骨等细节部分进行适当停顿，使线条更具有弹性，增强线条的对比度。

step 03 用小楷笔进行勾线，需注意线条应该与头发丝的走向、身体的结构相关联，注意线条的粗细变化。

step 04 用平涂的方式给皮肤进行着色，眉弓、鼻底、下颏等结构转折处可以反复进行强调，初步表现出阴影效果。

step 05 给模特设定光源，使用相对较深的皮肤色绘制出相对肯定的阴影区域，强调出面部的立体感。

使用纤维笔勾勒出五官轮廓和手部线条，可以结合不同的颜色进行勾线，以达到自然的过渡效果。同时可以使用灰色的勾线笔，绘制出手套网纱的质感，注意要跟随手部结构的变化而改变的线条走向。

继续使用纤维笔反复强调重点处，使轮廓线达到顺滑的状态。用灰色勾线笔勾勒出手镯的轮廓。

使用块面笔触对服装进行着色。可以在衣服的转折及凸出位置进行适当留白，在阴影处使用较深的颜色进行强调。使用纤维笔给面部五官着色，可以使用色阶相接近的色号，形成较为自然的晕染效果。注意晕染不宜过多，否则纤维笔较硬的笔尖会损伤纸面。

使用针管笔和纤维笔绘制出眼睛，眼睛要表现出光泽感。头发可以使用较为丰富的色彩和更加流畅自然的线条。

step
10 使用彩色针管笔完善人物佩戴的配饰，使用高光笔提亮人物的五官和服装的高光。最后使用彩色针管进一步对妆容进行处理和点缀，以达到完整、精致的效果。

4.1.2 人物的装饰变形

当绘制的人物形象偏向于装饰风格的时候，需要在下笔之前进行更多的创意构思。首先需要确定的是变形风格以及采用什么样的表现手法来体现这种风格。

在本小节中，我所采用的是将立体写实和平面装饰相结合的方式，人物采用了立体的手法，而服装则留白或平面图案化，利用这种对比关系来增强画面的艺术感染力。因为采用的是多人组合，所以在人物的动态表情和相互关系上就要进行较多的考量。本小节的作品并没有在造型上进行太多的夸张，而是在一些局部抛开了透视和逻辑关系，更多地发挥主观想象力，通过有意识地强化笔触的块面感、色块的交叠、线与面的穿插、局部的穿透感等，构建了一种自我的叙事方式。

4.2 ▸▸

画龙点睛的配饰

配饰在时装中有着举足轻重的作用，它们既可以和时装搭配，相得益彰，也可以成为着装的视觉中心，独树一帜。无论是珠宝、箱包还是鞋靴都有其独特的设计和制作方式，其造型和材质都与服装有很大区别。金属、宝石、皮革、皮草和木料，甚至羽毛和塑料等，它们的色彩、光泽和肌理，能够点缀甚至打破服装面料形成的"大块面"，因此对配饰的塑造、材质和肌理感的表现就起到了十分重要的作用。

4.2.1 时尚造型中的配饰

配饰无论在实际的日常穿着还是在专业的服装搭配中都很重要，所以在时装画中，配饰也是表现的重要内容和题材。

在整体的时尚造型中，有的服装材料本身质感和肌理感较强，或者有较为复杂的图案，如蕾丝或印花面料等，在这种情况下表现配饰，就一定要掌握好画面的层次感。服装和配饰哪一个着重表现，谁为主谁为次，这需要作画者主观地进行协调，使画面达到丰富但又统一的效果。

如果服装本身较为简约，在时装画中以大笔触铺色或是用线条进行概括化处理，那配饰就需要详细而深入地刻画，成为视觉重点，从而让局部的特色更加鲜明，在画面上形成跳跃的节奏感。

Vogue 2015
2015.10.12.
From: yuanchunran. Q

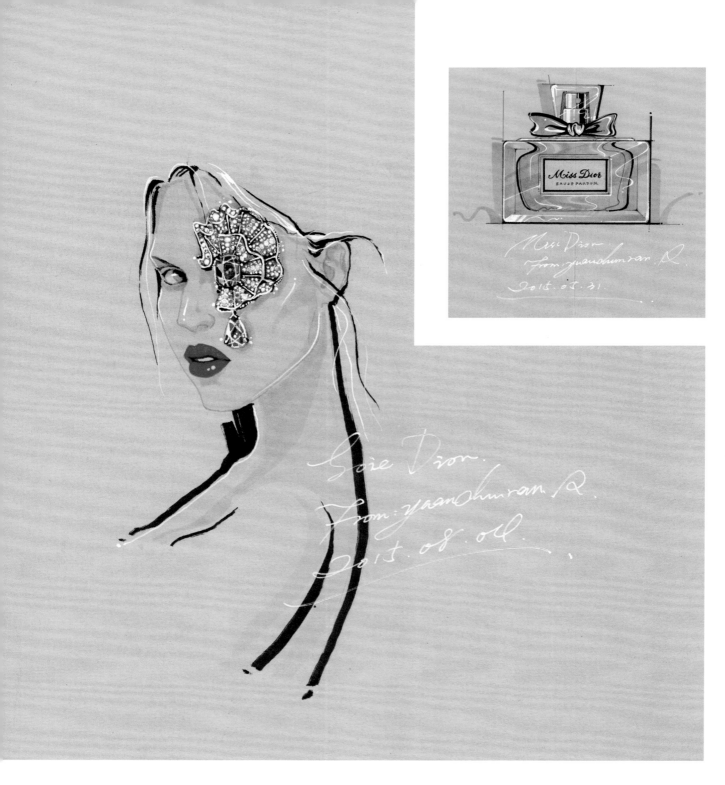

4.2.2 配饰特写

在绘制时装画时，配饰多变的造型、精致的细节和丰富的材质肌理与服装面料有较大的区别，非常适合进行深入而细致的刻画，因此配饰可以处于比人物和服装更为重要的地位，成为画面的视觉中心和主要表现对象。对配饰的表现，一方面需要准确地表现出配饰的外观造型和结构，手包等体积感很强的配饰还要注意透视，另一方面，表现的重点是各种材质。

金属的光泽度很高，明暗对比度强烈，明暗面的边缘界限明显，所以在表现时笔触要相对肯定而果断，高光、投影和反光的位置都十分重要。在色彩的选择上对比也要更加强烈。宝石则要刻画出不同形状的切面，切面要符合一定的排列规律，还要精心描绘出高光和反光，才能让宝石看起来更加晶莹剔透。皮革除了要表现出较为润泽的光泽感外，还要表现出较为明显的肌理，如鳄鱼皮、蛇皮等。如果有工艺上的细节，如轧明线、压花等，都要表现出来。

如果将配饰作为画面主体，还可以对服装的局部和人物形象进行弱化处理。弱化处理既可以是用线条进行概括，也可以摈弃色彩，用单色来衬托配饰。这样的处理可以让画面节奏感更强，层次更丰富。

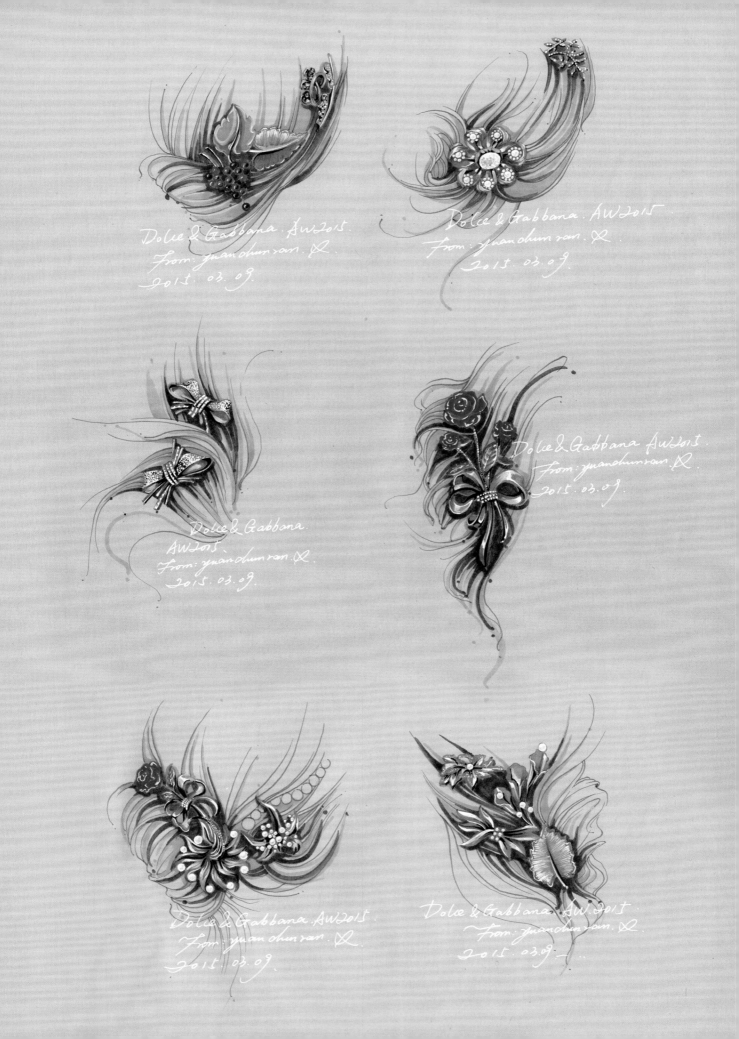

配饰表现的 step by step 案例

本案例主要表现的配饰是金属手包和浅色太阳眼镜。除了对人物形象的刻画外，需要重点强调的是眼镜玻璃的透明感，以及金属手包的光泽感。

尽管玻璃和金属都属于非常光滑的材质，但是玻璃的透明性使其明暗对比要远远弱于金属，玻璃的透明感是通过对玻璃后方对象（即眼睛）的描绘体现出来的。而金属的明暗对比则十分强烈，高光、明暗交界线和反光的形状非常清晰。但是，手包表面因为凹凸的肌理，会形成点状的光泽，这和光滑的链环要区别对待。

01 使用铅笔进行勾线，需要详尽地交代出人物五官和形象细节，准确绘制出手包的造型，并注意眼镜和面部的关系，有利于下一步勾线。

02 使用肤色纤维笔进一步勾线，在起始点和重要的转折处可以着重强调，让线条更加富有弹性。过渡和相对平滑的部分用较为浅淡的笔触一笔带过即可。

03 使用平涂的方式，用颜色较浅的色号给模特的皮肤着色，可以在结构转折的部分进行多次强调。使用较浅的颜色给手袋进行铺色，可以适当地用扫笔的方式强调颜色变化，表现出手包的体积感。

04 使用较深的皮肤色，表现出面部侧面相对较重的颜色和皮肤的暗部。注意要细心地留出眼镜的边框。

05 给眼镜着色，眼镜的颜色和皮肤的颜色相叠，因此要注意亮部的留白，让肤色能够透出来，以此体现玻璃的半透明感。同时绘制出金属手包的暗部颜色，表现出手包的结构转折。

06 使用纤维笔，选择与皮肤色接近的两个色号，对皮肤轮廓进行勾线和强调。两个色号可以结合使用，较浅的颜色用晕染的方式进行勾勒。

step 07 使用中楷笔对模特儿的轮廓进行勾勒，可以结合扫笔、顿挫等技法进行勾线。暗部的线条较粗，亮部的线条较细或不进行勾勒，让轮廓清晰的同时也可以增加立体感，使人物形象更加突出。

step 08 使用多个色阶的纤维笔，从深到浅依次给眼睛周围的部位着色，用晕染的方式进行绘制，营造出自然的过渡效果。用相同的方式绘制出金属手袋的肌理，注意因为光线产生的色彩渐变。

step 09 选择更深的皮肤色，用马克笔的软头通过按压的方式对皮肤的暗部转折进行强调，同时使用纤维笔给五官上色，并整理出发丝。

step 10 选择较深的颜色对金属手包的暗部进行着色，注意体积感的塑造。用彩色针管笔强调手包的材质感，在表现肌理细节的同时，也要顾及整体的质感和颜色变化。

step 11 使用宽头马克笔铺陈画面的背景色，注意背景和人物之间的结合方式，可以适当留白，让画面更加透气，更具灵活性。

STEP
12 使用高光笔点缀出眼镜和金属手包的高光。要注意高光的形状和不同的材质产生的不同的光泽感。高光的绘制可以表现出玻璃镜片的半透明感和金属的闪耀光泽，使配饰的材质感更加鲜明，让画面更具有视觉中心，层次更加丰富。